AF356900

DOCUMENTS

POUR SERVIR A

L'HISTOIRE DE LA CONSERVATION

DES VIANDES ET POISSONS

PAR LE FROID

NEMOURS

IMPRIMERIE TYPOGRAPHIQUE DE C. BOIRAMÉ

—

1880

DOCUMENTS

L'HISTOIRE DE LA CONSERVATION

DES VIANDES ET POISSONS

PAR LE FROID

Mon verre n'est pas grand, mais je bois dans mon verre.

MUSSET.

Auteur des appareils et procédés de conservation avec lesquels se sont constituées la compagnie *l'Alimentation* et la société Jullien, Cabissol et Cie, j'ai vu attribuer par divers journaux, et notamment le *Petit Marseillais*, ces procédés à un tiers, qui, malgré que « je lui aie fait l'honneur de l'admettre en titre sur *l'un* de mes brevets » qui n'est que peu ou point appliqué, n'est même pas mon collaborateur, comme on le verra plus loin ; j'ai adressé à ce journal une réclamation qui fut insérée, mais qui ne servit qu'à provoquer de la part de ce tiers une revendication formelle, à laquelle je fus mis dans l'impossibilité de répondre par la même voie ; j'ai le devoir, en présence de cette situation, de mettre les intéressés en mesure de juger si ma réclamation était fondée, et si je n'ai pas cherché, comme d'aucuns pourraient l'insinuer aujourd'hui, à m'attribuer l'œuvre d'autrui ; je me bornerai à transcrire ici des pièces authentiques et à laisser la vérité plaider elle-même sa cause.

La Nozaie, le 23 août 1879.

F. CARRÉ.

Dans un long panégyrique sur les « nouveaux chevaliers de la Légion d'honneur, » le *Petit Marseillais* du 4 novembre 1878, disait : « Monsieur Jullien, tanneur, n'a pas été seulement décoré, il a aussi obtenu trois médailles d'or (à l'Exposition universelle de 1878), l'une pour ses cuirs et peaux, les deux autres pour *ses* procédés de *frigorification* et de *conservation* de la viande et du poisson. »

Déjà plusieurs journaux avaient attribué à mon concessionnaire les procédés qu'il exploitait, entre autres, *le Hâvre* du 2 mai 1878, avait écrit : « Hier est entré dans notre port le steamer *Paraguay*, de Marseille, venant de la Plata, et en dernier lieu de Saint-Vincent (Cap Vert) avec un chargement de viandes fraîches conservées par le procédé de M. Jullien, de Marseille, armateur du navire. »

J'avais demandé à mon concessionnaire, sans l'obtenir, la rectification de cette contre-vérité ; lorsque je connus la réclame du *Petit Marseillais,* je pris d'abord la peine de constater qu'aucune rectification ne lui avait été adressée, et je lui envoyai la réponse. suivante, qui fut insérée dans son numéro du 7 décembre et reproduite par *le Peuple,* du 9 :

La Nozaie, 4 décembre 1878.

Monsieur le directeur du *Petit Marseillais,*

On me communique votre numéro du 4 novembre dernier, dans lequel je lis, sous la rubrique « *les nouveaux décorés,* » que M. Jullien a obtenu, à l'Exposition, deux médailles d'or pour « ses procédés de frigorification et de conservation de la viande et du poisson. » Je suis assez étonné de voir attribuer à M. Jullien des appareils qui sont les miens, et auxquels il est tellement étranger qu'il ne pourrait même en expliquer le fonctionnement ; et dont, au reste, je ne lui ai accordé qu'une simple concession partielle, pour un objet déterminé, et à l'exclusion de toutes autres applications. Je regrette d'avoir à vous demander la rectification de cette erreur, je cherche si peu à me mettre en évidence, que j'ai hautement refusé à mes concessionnaires d'être leur co-exposant, malgré la perspective des cinq médailles d'or, sans compter les autres, qu'ils ont obtenues avec mes objets divers, et qui m'eussent été dévolues dans ce cas ; je

leur en laisse les avantages et même la gloire, si gloire il y a
pour eux ; mais à une condition pourtant, c'est que les usu-
fruitiers ne profiteront pas de l'indifférence, de l'éloignement,
ou du dédain du propriétaire pour se décorer de ses titres.

Je compte, Monsieur le directeur, que votre impartialité vous
fera un devoir d'insérer cette lettre dans votre plus prochain
numéro, et vous prie d'agréer mes civilités.

F. Carré.

Mon concessionnaire riposta immédiatement par la lettre
qui suit, insérée dans le *Petit Marseillais* du 10 décembre,
et le *Peuple* du 11 :

Marseille, 9 décembre.

Monsieur le rédacteur en chef,

En réponse à la lettre de M. Carré, que vous avez publiée dans
votre numéro du 7 décembre, je viens vous prier d'insérer les
lignes suivantes :

Quand j'ai eu l'intention de former une Société pour le transport et la conservation des viandes fraîches et des poissons frais
par le froid, les brevets de M. Carré, pour la production du froid,
étaient dans le domaine public, et, en outre, ses appareils ne
pouvaient fonctionner à bord des vapeurs, à cause des oscilla-
tions des navires à la mer.

Je fus trouver M. Carré, à la Nozaie, pour lui demander s'il
voulait se charger de modifier ses appareils, afin d'en rendre
possible l'installation à bord des vapeurs qui devaient être amé-
nagés pour le transport des viandes et des poissons.

M. Carré consentit à se charger de ce travail, moyennant un
droit sur le montant de la construction des appareils et une part
dans les bénéfices.

Il est intervenu alors entre nous une convention à la date du
6 février 1876, enregistrée le 9 mai, par laquelle je suis propriétaire de ces appareils pour tout ce qui se rattache au transport et à la conservation des viandes et poissons, et des brevets
ont été pris au nom collectif de Carré et Jullien.

M. Carré s'est réservé toutes autres applications qu'il pourrait
faire de ses appareils, en dehors de mes projets de conservation.

J'ai fait figurer, à l'Exposition universelle de Paris, des
viandes et des poissons conservés par le froid : le jury m'a
accordé, *pour mon mode de conservation,* une médaille d'or :
c'est ma propriété.

Le jury a décerné aussi une médaille d'or à l'appareil producteur du froid. J'avais été obligé d'exposer seul cet appareil : car, par sa lettre du 19 janvier 1877, M. Carré me *défendait* (1) de le faire figurer comme exposant, et d'un autre côté, sans l'appareil à produire le froid, je ne pouvais conserver les viandes et les poissons. Mais je suis bien loin de vouloir m'approprier cette dernière médaille, car la machine réfrigérante n'était pas le but de mon exposition. Voilà les faits.

Resté orphelin à l'âge de onze ans, je n'ai pas pu passer ma vie à faire de la science. Mais à force de travail, je me suis créé une place honorable dans l'industrie ; et les médailles d'or que j'ai obtenues en 1861, 1867, 1872, 1873 et les hautes récompenses qui m'ont été décernées pour mon industrie à l'Exposition de 1878, prouvent que je n'ai pas besoin, comme le prétend M. Carré, de me décorer de la gloire des appareils frigoriques.

Veuillez agréer, Monsieur le rédacteur en chef, l'assurance de ma considération la plus distinguée.

E. Jullien.

On remarquera qu'au lieu des *deux* médailles d'or qu'il s'était laissé attribuer « pour *ses* procédés de *frigorification* et de *conservation* de la viande et du poisson », mon concessionnaire se contentait modestement de la dernière ; il eût été trop au-dessous de son habileté de se laisser affubler plus longtemps, et malgré ma publique réclamation, d'appareils qui remplissaient le monde entier depuis plus de quinze ans, et avaient leur place dans tous les traités de physique avec mon nom seul au frontispice ; qui avaient été l'évènement scientifique et populaire de l'Exposition de Londres de 1862, et qui m'avaient valu alors une décoration *non demandée* (dont je suis si loin de tirer vanité que je ne la porte que juste assez pour prouver que j'en fais cas), et que l'immense et brillante assemblée de la salle des États avait ratifiée par une triple salve d'applaudissements.

(1) Voici les passages de cette lettre relatifs à l'Exposition :

« Pour l'Exposition, veuillez vous rappeler ce que je vous ai dit lorsqu'il en a été question, que depuis longtemps j'avais résolu de ne plus rien exposer personnellement, bien que n'ayant pas à me plaindre des Expositions ; ayant eu une fonction officielle à l'Exposition de 1867 ..... c'est de là que date ma résolution... Tout en m'abstenant, je laisse toute latitude à mes concessionnaires et ayants-droit, qui exposent mes choses autant qu'ils le veulent. »

Je ne pouvais me contenter de cette demi-rectification sans
que mon silence parut confirmer la revendication expresse
qui l'accompagnait ; j'adressai la lettre suivante au *Petit
Marseillais* et au *Peuple :*

« Monsieur le directeur,

« J'ai sous les yeux votre numéro du 16 décembre contenant
une lettre de M. Jullien « en réponse » à la mienne du 4 cou-
rant, cette lettre est tellement entachée d'inexactitude que je
ne puis la laisser passer ; elle commence par un exposé histo-
rique incomplet auquel je dois restituer sa véritable physio-
nomie ; M. Jullien vint en effet me trouver au commencement
de 1876, avec la recommandation d'un ami commun, il était
porteur d'un brevet pris par lui le 18 janvier et qui consistait
à conserver les viandes en les refroidissant dans les boîtes
à glace de mes appareils, puis en les enveloppant d'eau et
congelant le tout ensuite, et finalement en les enveloppant de
couvertures et de sciure de bois ; c'était la copie pure et
simple pour la viande, de ce qui se faisait à Marseille depuis
assez de temps pour le poisson ; je lui déclarai que « son
mode » ne pouvait donner aucun résultat pratique, et qu'il
fallait opérer tout autrement, en lui observant que c'était une
grosse affaire nécessitant des capitaux considérables ; il me
pria instamment de m'occuper de la question, en m'assurant
que les capitaux seraient surabondants.

« Pendant les huit ou dix jours que je consacrai à rédiger
un brevet utilisable, il ne me quitta guère plus que mon
ombre, mais je ne serais certainement cru d'aucune des
personnes qui le connaissent si je disais qu'il collabora plus
qu'elle à mon travail ; lorsqu'il fut à peu près terminé et que
je lui en énonçai le résultat probable, il me demanda, dans
un moment d'épanchement au coïn du foyer — où il lui était
fait une large place — avec un parfait mélange de bonhomie
insinuante et de finesse persuasive, d'admettre son nom à
côté du mien dans le brevet que j'allais prendre ; tout aba-
sourdi par l'imprévu de cette demande, je me laissai aller à
lui répondre en riant : « tout de même » *(sic);* il intervint
alors une convention entre nous qui relate en substance ce
qui précède et dans laquelle il est écrit, non comme il le dit,

qu'il serait « propriétaire des appareils, » mais textuellement : « l'application du brevet à la conservation et au transport des viandes sera la propriété « de M. Jullien, » tout le reste m'étant réservé (voir page 12).

« Voici donc M. Jullien cotitulaire d'un brevet de quelque valeur, et je ne me doutais guère alors qu'il dirait aujourd'hui avec tant d'assurance : « mon mode de conservation, ma propriété. »

« La maison est à moi je le ferai connaître.

« On croirait tout au moins, après ces étonnantes revendications, que ce sont les appareils de ce brevet illustré de sa signature qui ont été exposés, il n'en est absolument rien ; je ne tardai pas à leur substituer des appareils et procédés de conservation plus parfaits que je brevetai en mon seul nom (je m'en étais réservé la possibilité en m'engageant à mettre « à sa disposition » tous autres brevets que je prendrais sur la matière) ; et ce sont exclusivement les appareils de ce dernier brevet qui ont été exposés, et conséquemment les seuls qui ont été récompensés ; dans ces conditions, il semblerait matériellement impossible qu'il vint dire publiquement aujourd'hui, « le jury m'a accordé pour *mon mode de conservation une médaille d'or*. »

« Après tout, M. Jullien qui a déclaré devant plusieurs personnes (1) qu'il ne savait même pas ce qu'il y avait dans les brevets, a bien pu s'imaginer que ce qui est dans le second faisait partie du premier ; quant à dire que « *des brevets ont été pris au nom collectif de Carré et Jullien,* » c'est matériellement faux ; prétendre expliquer ce dire par le fait que des brevets étrangers ont été pris ultérieurement avec les deux noms (2), serait une misérable équivoque qui ne mériterait même pas d'être relevée. »

(1) M. Emmanuel Lévy, ingénieur d'Aix, et M. Nicolas, ancien capitaine du génie de Marseille. Mon concessionnaire savait en effet si peu ce qu'il y a dans les brevets, qu'ayant eu entre les mains la copie d'un brevet étranger, il a pris la peine de m'écrire. « Je me suis aperçu que la dernière caisse *glaçant à sec (sic)* ne figure pas » alors qu'elle faisait l'objet de l'un des principaux chapitres avec dessins.

(2) Ils ne font que reproduire les brevets français et surtout mon brevet mononome **du 26 février 1876.**

« Je pourrais extraire d'une volumineuse correspondance de nombreux documents qui caractérisent les rôles respectifs dans cette affaire, je me bornerai aux suivants : en avril dernier, M. Jullien n'ayant personne pour diriger l'installation des appareils à l'Exposition, me pria instamment de le faire ; l'une de ses lettres à ce sujet se termine par ces mots : « c'est votre œuvre qu'il faut que vous meniez à bien » (1) ; le 19 mai suivant je recevais de lui la dépêche suivante : « Société nouvelle difficile à former, on demande renseignements sur installation de nouveaux bateaux, vous seul pouvez les fournir, votre présence indispensable lundi et mardi. » Enfin, l'acte de la Société *l'Alimentation* contient ce qui suit : « M. Carré auteur des brevets (autres que celui du 18 janvier), fait expresse réserve desdits brevets en ce qu'ils s'appliquent à tous autres objets que ceux ci-dessus apportés, » et c'est signé Jullien.

« Veuillez, Monsieur le directeur, insérer cette lettre dans votre journal et agréer mes civilités. »

F. Carré.

L'insertion de cette lettre fut unanimement refusée, comme je m'y attendais bien un peu ; je la demandai à la justice qui me prouva par le jugement suivant que l'interprétation des lois sur la presse n'était pas chose si facile ; au cours de l'ins-

---

(1) Voici la copie de cette lettre :

« Marseille, le 2 avril 1878.

« Cher Monsieur Carré,

« Je commence par vous annoncer l'heureuse nouvelle du gain de notre procès, etc..

« M. Berendorf m'a écrit une lettre que je vous transmets et dans laquelle il me dit qu'il ne peut se charger du montage des appareils. — M. d'Hauthuille ne peut se déplacer et il n'a personne sous la main qui puisse se charger du travail dirigé *(sic)*. — Tout ce que peuvent faire les Forges et Chantiers, c'est d'envoyer un monteur, à condition que vous puissiez vous charger de le diriger vous-même, puisque nous ne pouvons trouver personne qui puisse le faire. — Il suffirait que vous alliez de temps à autre à Paris pour cela. — D'un autre côté, je crois que ce serait d'autant plus nécessaire, que M... et R... pourraient faire leur possible pour que les appareils ne fonctionnassent pas, *c'est donc votre œuvre qu'il faut que vous meniez à bien.* »

Recevez l'assurance de mes sentiments les plus amicaux.

R. Jullien.

tance, *le Peuple* disparut de la scène, et *le Marseillais* l'apporta à ma connaissance, le 15 août dernier, avec de longs commentaires dont je n'ai pas à m'occuper ; le voici tel que je l'extrais de ses colonnes, après avoir noté en passant que lorsque je le connus, il était trop tard pour en appeler.

Attendu que, dans son numéro du lundi 4 novembre 1878, le journal *le Petit Marseillais* contenait un article signé L. et intitulé : *Les nouveaux chevaliers de la Légion d'honneur :* MM. Julien et Roulet ;

Qu'il était dit notamment dans cet article : « M. Edouard Jullien, tanneur, n'a pas été seulement décoré, il a aussi obtenu du jury de l'Exposition universelle, trois médailles d'or, l'une pour ses cuirs et peaux, les deux autres pour ses procédés de frigorification et de conservation de la viande et du poisson ;

Attendu que le numéro du 7 décembre suivant, du même journal, sous la rubrique : *la Boîte aux lettres,* contenait une lettre de M. F. Carré, tendant à rectifier ce qu'il appelait une erreur et indiquer qu'il était étonné de voir attribuer à M. Jullien des appareils qui sont les siens et pour lesquels il ne lui aurait été accordé qu'une simple concession partielle ; que le signataire de cette lettre ajoutait : « Je cherche si peu à me mettre en évidence, que j'ai hautement refusé à mes concessionnaires d'être leur co-exposant ;

Attendu que, en réponse de cet article, Jullien faisait insérer, dans le numéro dudit journal du 10 du même mois, une lettre contenant des explications sur les faits ayant motivé la rectification du sieur Carré ; qu'il persistait à soutenir son droit de propriétaire des appareils de frigorification pour tout ce qui se rattache au transport et à la conservation des viandes et poissons, et déclarait que la médaille d'or obtenue pour ce mode de conservation était sa propriété ;

Attendu que, par exploit de Sigaud, huissier, du 17 mars 1879, Carré mettait Peirron, gérant du *Petit Marseillais*, en demeure d'insérer dans un prochain numéro une nouvelle lettre contenant sur l'objet du litige des détails plus longs et plus circonstanciés.

Que Peirron, s'étant refusé à cette insertion, a été cité comme ayant contrevenu aux dispositions de l'article 11 de la loi du 25 mars 1822 et 13 de celle du 27 juillet 1849 ;

Attendu que, aux termes de ces lois, le droit de réponse appartient à toute personne nommée ou désignée dans un journal ou écrit périodique ;

Attendu que l'article publié dans le numéro du 4 novembre

1878, ne faisait aucune mention du sieur Carré, qui n'y était ni nommé, ni indirectement désigné ; qu'il se bornait à indiquer *un fait certain et matériel, à savoir que M. Jullien avait reçu* DEUX *médailles d'or pour ses procédés de frigorification et de conservation de la viande et du poisson ;*

Qu'ainsi, à ce point de vue, *Carré, quelque sujet de plainte qu'il ait cru avoir contre la décision du jury,* quelque droit qu'il put invoquer, relativement aux appareils ou procédés objets de la distinction accordée à Jullien, ne trouvait pas dans les lois précitées le droit de formuler une réponse et de la faire insérer dans le journal ;

Attendu, néanmoins, que, par un motif de convenance et de justice, *le Petit Marseillais* a cru devoir, dans son numéro du 7 décembre, publier la lettre par laquelle Carré manifestait ses plaintes et invoquait ses droits ;

Que cette lettre, dirigée directement contre Jullien qui y était nominativement désigné, ouvrait au contraire à celui-ci le droit de réponse et qu'il en a usé, dans le numéro du 10 décembre, en termes mesurés et convenables ;

Attendu que le droit des parties se trouvait ainsi épuisé, du moins en ce qui touche les obligations du journaliste, et que, dès-lors, Peirron pouvait, ainsi qu'il l'a fait, refuser de prêter sa feuille à une continuation de polémique, soit gratuite, soit payée ;

Que l'esprit des diverses lois réglementant cette matière n'a pas été d'infliger aux journaux l'obligation d'insérer indéfiniment les attaques et les ripostes des parties intéressées, mais seulement de donner à la personne attaquée les moyens de faire publier sa réponse dans la feuille même contenant l'attaque ;

Que ce but a été suffisamment atteint par la publication des deux lettres de Jullien et de Carré, et que celui-ci ne peut exiger légalement davantage ;

Par ces motifs : le tribunal renvoie Peirron des fins de la plainte ; en conséquence, l'acquitte et condamne le plaignant aux dépens ;

Ainsi jugé et prononcé en audience publique, au palais de justice, à Marseille, le vingt-trois juillet mil huit cent soixante-dix-neuf.

Je m'incline devant la « force de chose jugée, » mais il me paraît très légitime de souhaiter la prompte et complète révision d'une loi qui permet l'hypothèse suivante : lorsqu'un individu veut se faire attribuer publiquement l'œuvre d'autrui, il n'a qu'à faire insérer dans les journaux une réclame qui l'en proclame l'auteur, et sans nommer celui-ci le désigne assez pour l'obliger à réclamer par la même voie ; la réclamation ne pouvant avoir lieu sans nommer celui qui la motive, donne à ce dernier le droit de s'adjuger en dernier ressort vis-à-vis du public l'objet convoité, et avec le double de lignes encore ; il en résulte que celui qui a tous les droits, s'il ne peut mettre en œuvre d'autres moyens de défense, sera publiquement considéré comme spoliateur ; cela ne fait-il pas songer, même involontairement, aux querelles d'Allemands, aux subtilités byzantines flagellées dans les Provinciales, et à ces mots du poëte philosophe : « *Dolus an virtus quis in hoste requirat;*

Je passe à l'examen des considérants en ce qu'ils me concernent ; l'hypothèse ainsi formulée : « Qu'ainsi, à ce point de vue, *Carré, quelque sujet de plainte qu'il ait cru avoir contre la décision du jury,* n'est pas du tout prise dans le vif de la situation ; loin qu'il y ait, dans ce qui précède, un seul mot qui puisse en donner l'idée, il doit paraître plus naturel de conclure que la mention faite par moi « des cinq médailles d'or, sans compter les autres, » qui ont été obtenues par mes objets exposés par divers, ressemble bien plutôt à un remerciement qu'à une plainte ; on a pu remarquer que, dans ma lettre du 19 janvier 1877 (citée très inexactement par mon concessionnaire), je dis en toutes lettres que j'ai résolu, depuis longtemps, de ne plus exposer personnellement, *bien que n'ayant pas eu à me plaindre des Expositions ;* il est au moins invraisemblable qu'après n'avoir eu qu'à me féliciter des Expositions auxquelles j'ai pris part, j'aie pu avoir à me plaindre de celle à laquelle je me suis abstenu de paraître, et qui a décerné cinq médailles d'or aux exposants de mes divers objets.

Alors que mon concessionnaire s'était lui-même allégé de l'une des deux médailles d'or dont *le Petit Marseillais* l'avait gratifié, les considérants la lui restituent en ces termes : « Qu'il se bornait (l'article du *Marseillais*) à indiquer *un fait certain et matériel,* à savoir que M. Jullien avait reçu *deux* médailles d'or pour *ses* procédés de *frigorification* et de *conservation* de la viande et du poisson. » Toute personne qui a lu ce passage encadré comme il l'est dans un jugement isolé, a nécessairement conclu que mon concessionnaire est véritablement l'auteur des appareils et procédés exposés par lui, pour lesquels deux médailles d'or lui ont été décernées, et que j'ai revendiqués comme les miens dans ma lettre du 4 décembre ; on comprendra qu'il en résulte pour moi le devoir rigoureux de prouver que ma réclamation n'a été que l'expression de la plus stricte vérité.

Lorsque je répondis à la lettre de mon concessionnaire, du 9 décembre, je n'étais pas parvenu à retrouver celle de ses lettres qui précise le mieux la situation, et je n'avais pas dû la citer quoi que j'en eusse gardé parfait souvenir ; je la transcris ici, et on en trouvera l'isographie à la fin de ces pages.

« Lyon, le 27 janvier 1877.

« Mon cher Monsieur Carré,

« Cela vous paraîtra bien extraordinaire, mais, pendant mon séjour à Paris, je n'ai pu trouver un moment pour vous écrire, j'étais en courses à Versailles et aux ministères pour notre procès ; en outre des diners que je ne pouvais refuser, des invitations aux spectacles, et j'avais, je l'avoue, la faiblesse de ne savoir refuser ; enfin, tant et si bien, que ce n'est qu'en arrivant à Lyon que je puis vous demander de quelle manière vous me permettez de faire ma demande pour l'Exposition.

« *Vous m'avez fait l'honneur de m'admettre en titre sur vos brevets (1), je ne puis dès-lors exposer utilement qu'à ce même titre, sans cela E. Jullien n'a rien à exposer.*

« Si vous voulez bien, je demanderai au nom de Carré-Jullien pour les appareils pour le transport et la conservation des viandes ; je vous le répète, les frais seront à la charge de la Société, mais vous voudrez bien m'écrire par retour du courrier pour m'autoriser à faire la demande comme je vous l'explique ci-haut.

____

(1) Sur un seul, et le moins important à beaucoup près ; mais mon concessionnaire n'y regarde pas de si près.

« Veuillez agréer, cher Monsieur, la nouvelle expression de mes meilleurs sentiments.

Signé : « E. JULLIEN. »

Je répondis à cette lettre en confirmant à son auteur l'autorisation déjà donnée d'exposer seul mes appareils, et le refus d'être son co-exposant.

Beaucoup de lecteurs se demanderont certainement pourquoi un si violent contraste entre l'humilité, la prudence, la timidité de cette lettre et l'attitude actuelle de son auteur. Je ne me charge pas de le leur expliquer ; ce qu'ils pourront peut-être faire eux-mêmes, en se rappelant qu'en janvier 1877 les appareils étaient en construction et non sanctionnés par l'expérience, que leur succès n'était démontré que pour moi et peut-être quelques rares hommes compétents ; tandis qu'en 1878, *le Paraguay* les avait ramenés doublement triomphants au port du Hâvre, après un abordage qui avait nécessité un stationnement de quatre mois sous la zone torride, et que le jury avait ratifié leur succès par deux médailles d'or et une décoration à laquelle il est permis de croire qu'ils n'étaient pas tout à fait étrangers.

La copie de mes conventions avec mon concessionnaire doit terminer ces quelques pages ; voici la première :

Entre les soussignés, M. Ferdinand Carré, à la Nozaie, près Nemours (Seine-et-Marne),

Et M. Édouard Jullien, de Marseille, il a été convenu ce qui suit :

M. Jullien ayant pris un brevet pour la conservation des viandes fraîches au moyen du système Carré, il a demandé à M. Carré d'étudier la mise en œuvre de ce système combiné avec ses appareils producteurs du froid, afin d'arriver à opérer le transport de la viande fraîche de l'Amérique du Sud, de l'Australie, etc. M. Carré ayant terminé ses recherches, il a été convenu que les soussignés prendront au nom de chacun d'eux, et sous quelques jours, un brevet de perfectionnement aux appareils à ammoniaque et à leurs applications.

L'application du brevet à la conservation et au transport des viandes au moyen du froid, sera la propriété de M. Jullien, *les autres applications des appareils et du froid en dehors des besoins de cette exploitation appartiendront à M. Carré* (1).

M. Jullien fera l'essai pratique du système et exploitera sous sa responsabilité, soit par lui-même, soit par toutes sociétés constituées à cet effet.

Toutes concessions à des tiers, autres que les sociétés que pourra créer M. Jullien, ne pourront être faites que d'un commun accord.

M. Carré dirigera la construction et l'essai des appareils ; il devra y consacrer au maximum, pendant la première année, la moitié de son temps, pendant la seconde, le tiers, et pendant la troisième, le quart ; il devra résider à proximité des ateliers de construction autant que les premiers essais le nécessiteront, il ne sera pas tenu à s'embarquer. Tous certificats d'addition ou nouveaux brevets pris par lui sur la matière, seront à la disposition de M. Jullien pour l'application sus-mentionnée, M. Jullien supportera les frais de brevets, ainsi que le coût de l'enregistrement du présent.

M. Carré aura droit à 10 pour 100 sur le montant de toutes les constructions d'appareils servant à produire le froid, préparer et conserver les viandes, installées à terre ou à bord, tant appareils d'essai qu'appareils d'exploitation ; il aura droit, en outre, à 5 pour 100 sur les bénéfices nets que produira l'exploitation,

Fait et signé en double original, à la Nozaie, le 6 février 1876.

Mon concessionnaire ne se croyait sans doute pas suffisamment « propriétaire » de « son mode, » car, en septembre 1877, il me demanda de souscrire la convention additionnelle qui suit :

Entre les soussignés, M. Edouard Jullien, négociant, demeurant à Marseille, d'une part ;

Et M. Ferdinand Carré, ingénieur civil, demeurant à la Nozaie, près Nemours (Seine-et-Marne), d'autre part, expliquant et modifiant au besoin le traité intervenu entre eux le 6 février 1876, il est convenu :

Que, dans le second paragraphe dudit traité, aux mots « à la

(1) L'acte de société Jullien et C\u1d35\u1d49, auquel je suis resté complètement étranger, porte page 5, ligne 8 : « Il est bien expliqué, pour ce qui concerne le brevet de perfectionnement Carré et Jullien, que *les inventeurs* se sont réservé et conserveront le droit d'en faire et d'en autoriser l'application à telle industrie que ce soit, autre que la conservation des viandes. »

conservation et au transport des viandes » seront substitués ceux-ci : *à la conservation et au transport des viandes et poissons;*

Que la disposition du même traité qui, à moins d'un accord commun, interdit aux parties toutes concessions à des tiers, autres que les Sociétés que pourra créer M. Jullien, s'appliquera à la conservation et au transport des poissons aussi bien qu'à la conservation et au transport des viandes (1);

Que les autres dispositions du même traité ne sont pas modifiées par le présent; en conséquence, les nouveaux brevets ou certificats d'addition que prendraient les soussignés, ou l'un d'eux sur la matière objet du traité, seront à la disposition de l'exploitation. M. Jullien, ou les sociétés formées par lui supporteront les frais de brevets et des enregistrements, ils feront les essais et exploiteront sous leur responsabilité; *toutes les autres applications des appareils réfrigérants et du froid en dehors des besoins de l'exploitation* RESTERONT LA PROPRIÉTÉ DE M. CARRÉ, *qui en disposera en toute liberté.* Le temps qu'il devra consacrer, au maximum, à la direction de la construction et de l'essai des appareils ne sera pas augmenté, et le point de départ en restera fixé au 6 février 1876.

(1) L'acte de société Jullien, Cabissol et Cⁱᵉ, auquel je suis de plus en plus étranger. dispose :

« Art. 4. — M. Jullien apporte à la société le droit exclusif qu'il tient de ses accords avec M. Carré d'appliquer à la conservation du poisson frais le brevet de perfectionnement aux appareils réfrigérants à ammoniaque qu'ils ont pris ensemble, le 7 février 1876, pour une durée de quinze années, ensemble tous certificats et nouveaux brevets d'addition et de perfectionnement qu'ils ont obtenus ou pourront obtenir par la suite, ainsi que tous brevets aux mêmes fins que M. Jullien, seul ou conjointement avec M. Carré, aurait pris ou pourrait prendre à l'étranger.

« Cet apport a pour effet de rendre la société seule propriétaire des dits brevets et certificats, de la même manière que s'ils avaient été pris en son nom ; elle pourra, en conséquence, en user et disposer comme elle jugera convenable, mais en tant seulement qu'il s'agira de l'application spéciale dont il vient d'être parlé ; étant, bien entendu, que pour *toutes autres applications étrangères* à la conservation du poisson, les droits de MM. Carré et JULLIEN demeurent expressément et intégralement réservés.

« LE DROIT DE DISPOSER DES BREVETS AUTORISE LA SO-CIÉTÉ A EN FAIRE LA CESSION, *mais en pays étrangers seulement. La cession en France lui est interdite, à moins que M. Jullien y consente.*

« En raison de cet apport, M. Jullien a droit à un dixième des bénéfices sociaux. »

Le paragraphe final du traité originaire comprendra toutes les applications faites par M. Jullien ou ses ayants-droit. »

Marseille, le 8 septembre 1877.

La Nozaie, le 10 septembre 1877.

On pourra s'étonner que le brevet pris par mon concessionnaire, le 18 janvier 1876, « pour la conservation des viandes fraîches au moyen du système Carré, » ne soit pas même cité dans l'acte de société Jullien, Cabissol et Cie, les procédés et appareils étant identiques pour la viande et le poisson ; j'en ai donné la raison plus haut, et je puis ajouter que, moins que personne, son auteur n'a songé à se servir de ses moyens. On pourrait s'étonner davantage de n'y pas voir non plus mentionné mon brevet du 26 février 1876, qui est le seul, ou à excessivement peu près, dont les appareils et procédés ont été installés sur *le Raphaël*, le seul dont les appareils et procédés ont été exposés par mon concessionnaire, et le seul, par conséquent, qui ait obtenu du jury les deux fameuses médailles d'or ; il est vrai qu'il est privé de l'honneur de sa signature, et qu'il n'est que « mis à sa disposition. »

La convention additionnelle qui suit n'est pas indifférente au sujet qui nous occupe, et démontrera que cette affaire n'était pas précisément pour moi une question d'argent.

M. Jullien ayant exposé à M. Carré que la société constituée pour la conservation et le transport des viandes par les procédés Carré et Jullien (1) se trouvait dans une position difficile par suite du naufrage du *Basuto* et de l'abordage du *Paraguay*, et lui ayant proposé d'abandonner une partie des 5 pour 100 auxquels il a droit dans les bénéfices de cette société, M. Carré consent à abandonner 3 pour 100 (2).

Il est entendu, que cet abandon ne concernera pas la société

(1) Il eût évidemment fallu mettre : *dits Carré et Jullien.* En tolérant cette désignation fictive je ne m'attendais guère à voir éliminer mon nom de « mon mode de conservation. »

(2) Cet abandon a été réduit à 1 pour 100 dans l'acte de *l'Alimentation*, mais, par contre, j'ai abandonné, en outre, la moitié de mes droits sur les appareils pour faciliter la « difficile constitution de cette société » et dans l'intérêt des premiers actionnaires qui ont livré leurs capitaux sur la garantie de mon nom **avant** toute expérimentation.

pour l'exploitation du poisson, ni les redevances qui pourraient revenir des cessions à divers, et que les 10 pour 100 auxquels M. Carré a droit sur le montant des appareils, et qui ne sont pour lui qu'une *indemnité pour son concours personnel*, lui seront payés comme par le passé, au cours des constructions, et proportionnellement à leur avancement.

Fait double, à Paris, le 9 mars 1878.

Je puis dire, en terminant, que je me suis consacré tout entier au succès de cette affaire et au grand détriment des miennes propres ; pendant la période de construction et d'essais, j'ai dû faire sept voyages de Marseille, avec séjours prolongés, dont l'un atteignit près de trois mois, et vingt à trente voyages à Paris pour la prise des brevets français et étrangers, dont je me suis occupé seul bien entendu, l'installation à l'Exposition, etc. Malgré ma réserve de ne pas m'embarquer, motivée par mon horreur de la mer, j'ai voulu le faire pour suivre le fonctionnement des appareils sous les coups de la tempête ; je l'ai « menée à bien » jusqu'au bout... Elle ne me rapportera peut-être pas le quart de ce qu'elle m'a coûté et de ce qu'elle m'a fait perdre... J'ai prouvé, en refusant d'exposer, que je ne cherche ni l'éclat ni le bruit ; en tolérant qu'un autre nom s'accolât fictivement au mien, et dans un brevet qui n'est que peu ou pas employé, et sur les appareils qui lui ont succédé et qui ne relèvent que du brevet que j'ai pris en mon seul nom, et qui n'est que mis à la disposition de mon concessionnaire, j'ai agi avec un désintéressement et un laisser-aller dont les exemples seraient rares ; il ne m'est pas permis de pousser l'abnégation jusqu'à la substitution, à mon nom, de celui de mon concessionnaire.

Ci-contre, isographie de la lettre du 27 février 1877.

Lyon le 27 Janvier 1877.

Mon cher Monsieur Carré

Cela vous paraîtra bien extraordinaire mais pendant mon séjour à Paris je n'ai pu trouver un moment pour vous écrire, j'étais en course à Versailles aux aux ministères pour notre procès, en outre des dîners que je ne pouvais refuser des invitations aux spectacles et j'avais la faiblesse de ne savoir refuser enfin tant et si bien que ce n'est qu'en arrivant à Lyon que je puis vous demander de quelle manière vous me permettez de faire ma demande pour l'exposition,

Vous m'avez fait l'honneur de m'admettre

un titre lui son brevet je ne puis déclarer
exposer entièrement qu'à ce même titre leur
cela l'Jullien n'a rien à exposer

Si vous voulez bien je demanderai au
nom de Carré Jullien pour les appareils pour
le transport et la conservation des viandes
je vous le répète les frais seront à la
charge de la Société, mais vous voudrez
bien m'écrire par retour du courrier leur
autorisation à faire la demande comme
je vous l'explique ci haut.

Veuillez agréer cher Monsieur les
nouvelle impression de mes meilleurs
sentiments

C. Jullien